DISSERTATION

SUR

LE TRANSPORT

DES EAUX DE VICHY,

AVEC
La maniére de se conduire avec succès
dans leur usage.

Par M. Emmanuel Tardy, *Conseiller-*
Medecin du Roy, Intendant des Eaux de
Vichy & d'Hauterive.

A MOULINS,

Chez Jean Faure, Imprimeur - Libraire,
ruë de Paris.

M. D. CC. LV.

AVEC PERMISSION.

PRÉFACE.

J'AY pensé, qu'en exposant en peu de mots ce qu'il y a de plus essentiel à observer dans la Boisson des Eaux Minérales & Thermales de Vichy, le Public y trouveroit quelque avantage, & c'est le motif qui m'a fait entreprendre cet Ouvrage.

On y verra d'un coup d'œil les maladies, & les tempéramens ausquels elles convien-

PRÉFACE.

nent, les précautions qu'il faut prendre, avant, pendant & après la Boisson, la manière de se conduire en les buvant, & les avantages qu'il y a de les boire à leurs sources, plûtôt que transportées.

Par là chacun pourra à peu de frais, & en peu de momens se mettre à même de boire sans risque les Eaux de Vichy; & c'est dans cette vûë que nous-nous sommes attachés autant qu'il nous a été possible à nous rendre intelligibles, & à nous mettre à la portée de tout le monde.

On ne doit donc pas s'attendre à trouver icy un Traitté rempli d'érudition ; elle y seroit à charge ou inutile à la majeure partie des Buveurs, qui ne demandent que d'être guéris, non d'être instruits.

Si quelqu'un veut des connoissances plus étenduës sur la nature du minéral des Eaux de Vichy, il peut consulter les Livres de M^{rs}. Chomel & Foüet, Intendans de ces Eaux, de M^{rs}. Banc

PRÉFACE.

& Aubry, célébres Medecins du Collège de Medecine de Moulins. Tous ces Sçavans, & les Physiciens de l'Académie roïale des Sciences (sur les observations, & l'Analyse qu'en a faites Monsieur Duclos) conviennent que le minéral des Eaux de Vichy est le vrai nître des Anciens.

Mais il est très-différent du salpêtre, qu'on nomme aussi nître; car celui-cy est presque tout acide, celui-là tout alkali. Le salpêtre jetté sur les charbons ardens, ful-

PRÉFACE.

mine, ce que ne fait point l'autre : On tire du salpêtre un esprit acide, & par aucune opération chimique, on n'a jamais démontré le moindre soupçon d'acidité dans les Eaux de Vichy.

Leur Sel est analogue à la baze du sel marin, dépoüillé de son acide ; il est analogue au sel fixe qu'on tire des plantes, par l'incinération & la lessive, sur tout de la soude.

Il y a un nître naturel qui se trouve dans les entrailles de la terre ; il y en a d'artificiel, qui se fait comme le sel marin dans des sillons qu'on apelle nitriéres. Le Natron d'Egypte, le Borax fossile ou naturel, celui qu'on tire des eaux du Nil en sont des espèces.

Hippocrate se servoit de ce Sel nitreux pour résoudre les humeurs froides. Galien le regardoit comme fondant, résolutif, détersif, purgatif, hémaguogue. Mathiole & Pline assurent que les Eaux nitreuses sont salutaires aux Paralitiques, qu'elles ren-

PRÉFACE.

dent les femmes fécondes, qu'elles sont propres à guérir les Ecroüelles, la galle, & à purger la Bile.

Ce Sel est un puissant Alkali qui fermente généralement avec tous les acides : il fait précipiter en couleur d'orange meure le mercure sublimé, dissous dans l'eau commune ; il donne une couleur verte au syrop violat, une couleur bleuë au tournesol, rougi par les acides, & ne tire aucune teinture noire avec la noix de galle in-

PRÉFACE.

fusée : en un mot c'est un Alkali pur, simple, & à toute épreuve.

Sur ce simple exposé on peut entrevoir la nature & les proprietés des Eaux de Vichy; mon but n'est pas de les démontrer : je veux seulement parler de leur transport, & des moïens de tirer avantage de ce remede.

A raison de la qualité & de la quantité de leur minéral, tout le monde convient qu'elles souffrent le transport, & qu'étant transportées, elles

PRÉFACE.

produisent des effets surprenans. Si elles sont si salutaires au loin, elles doivent l'être bien davantage, généralement parlant, prises à leurs sources, c'est ce que j'entreprens premierement de prouver.

Je donnerai ensuite la maniére de se conduire en les prenant, avant de les prendre, & après les avoir prises. Ce dernier article ne contribuera pas peu à prouver qu'il est infiniment plus avantageux de les venir boi-

PRÉFACE.

re sur les Lieux, puisqu'en étant éloigné, on ignore, ou on ne peut pas profiter de tous les avantages qu'on trouve à Vichy, eû égard aux différentes Sources, & aux différentes maniéres d'en faire usage. Entrons en matiére.

TABLE
DES CHAPITRES.

SECTION PREMIERE.

DISSERTATION

DISSERTATION

SUR LE TRANSPORT

DES EAUX DE VICHY.

SECTION PREMIERE

CHAPITRE I.

Les Eaux de Vichy ne produisent pas, étant transportées, le même effet qu'étant prises à leur source.

IL n'est pas douteux, & nous en convenons, que les Eaux de Vichy produisent au loin de bons effets. Le grand nombre de personnes

A

qui s'en font bien trouvées, qui
les envoyent chercher tous les
jours, la grande quantité qui
s'en confomme à Paris, & dans
les Provinces les plus éloignées,
la pratique des Medecins les
plus éclairés, qui les prefcri-
vent à leurs malades, même
tranfportées; enfin la nature
du minéral, que ces Eaux rou-
lent avec elles, & qui s'y conferve très-long-tems, ne nous
permettent pas de douter qu'elles ne foient avantageufes dans
quelque lieu qu'on les boive.

Il eft certain que de l'Eftomach & des inteftins, elles
paffent dans les veines lactées,
& de là dans le fang avec le
minéral dont elles font impre-

gnées : Elles y délayent les humeurs, humectent les fibres, rendent les liqueurs plus coulantes, ouvrent les vaisseaux & excitent des vibrations.

Ainsi les humeurs étant délayées, les vaisseaux & les pores étant dilatés , les vibrations étant excitées, la circulation doit se rétablir, les secrétions devenir plus libres & plus réguliéres: En un mot on doit se mieux trouver.

D'où naissent tous ces bons effets ? du Sel alkali fixe, que charrient nos Eaux, & qui se trouve à Paris comme à Vichy.

Ce Sel étant alkali , à toute épreuve, doit produire tous les phénomênes qu'on attribue aux Sels de cette nature. Par ſes molécules, & ſes pointes, il doit attenuer les globules trop groſſiers du ſang, les écarter lorſqu'ils ſont unis trop intimément; il doit briſer la limphe épaiſſie, & par les douces ſecouſſes qu'il donne aux fibres, il doit accélérer la circulation lorſqu'elle eſt pareſſeuſe.

Ajoûtons que par ſes parties aqueuſes, il fournit aux humeurs une véhicule pour les rendre plus coulantes, & donne la ſoupleſſe aux ſolides pour entretenir leur reſſort & leurs fonctions.

Or ce Sel étant fixe, & ſe conſervant très-long-tems dans les Eaux de Vichy, on peut en

faire ufage par tout, & en recevoir du foulagement.

Mais doit-on conclure de
là qu'elles font auffi falutaires
étant tranfportées, qu'elles le
font à leur fource?

La chofe devroit être ainfi,
fi toute leur action dépendoit
uniquement d'un fel fixe.

Perte du Volatil.

Mais tous les Connoiffeurs
conviennent qu'elles en ont un
volatil : c'eft lui qui frappe
l'odorat des Buveurs ; c'eft lui
qui étant porté au loin avec les
vappeurs, attire de deux &
trois lieuës les bœufs & les va-
ches, qui traverfent la riviere
d'Allier, fans goutter de fon

A 3

eau , & courent se gorger à
l'écoulement de nos Fontaines.

Ce Sel se sublime au haut
des murs des Bains & des Bâti-
mens du Roy ; preuve de sa
volatilité.

Ce Sel volatil est de plus sul-
phureux , il s'élance hors de sa
source , & on le voit dans un
tems chaud & serein petiller &
jaillir comme des étincelles :
cette partie sulphureuse est aussi prouvée par l'odeur qu'exha-
lent nos Eaux, & par les bluettes de feu qui sortent de leurs
boües dessechées, & jettées sur
la pelle rougie au feu , ou
broyées dans l'obscurité.

Les Sels d'eux - mêmes n'ont
aucune odeur, & n'en peuvent

avoir, ni fournir des bluettes, qu'autant qu'ils font mêlés avec quelques parties fulphureufes, quelles qu'elles foient.

Ce Sel volatil a tant de reffort, tant d'élafticité, que fi on bouche la bouteille dans l'inftant qu'elle eft remplie d'Eau minérale, ou fi on ne laiffe pas quelque intervale entre l'eau & le bouchon, la bouteille éclatte & fe rompt.

Si les Eaux de Vichy charrient avec elles des parties volatiles, elles ne doivent pas y être inutilement: La nature ne fait rien en vain; l'Auteur Suprême la fait toujours agir pour une fin: Auffi cette mere bien faifante tend - elle toû-

jours à la perfection de chaque
être ; plus fes productions font
parfaites, plus nous devons en
faire cas : Combien ne devons
nous donc pas eftimer le volatil de nos Eaux ? Il en eft comme l'efprit qui les anime, &
les rend fécondes ; c'eft une
matiére fubtile, une matiére
æthérée, qui par fon affinité
avec les efprits animaux, péné-
tre fans obftacle toutes les di-
varications des nerfs, tous les
réduits des vifcères ; elle fe porte avec facilité dans les parties
les plus enfoncées & les plus
reculées de notre corps, & va
leur donner un nouveau mouvement, & une nouvelle vie.
C'eft un raïon de lumiére, qui

va porter la férénité dans le corps abbatu par la maladie : en un mot, c'eſt un eſprit fé-cond, qui eſt porté ſur nos Eaux.

Mais qu'on ne s'y trompe pas, on ne trouve cet eſprit qu'à leur ſource : c'eſt là ſeule-ment où il ſe plaît a manifeſ-ter ſa préſence, & ſes bons ef-fets : Il abandonne ces Eaux, à meſure qu'elles s'éloignent de leurs Baſſins. A vingt pas, ce n'eſt plus le même goût, la même odeur ; par conſéquent ce ne ſera plus des Eaux ſi ani-mées, ſi éficaces.

Que ſera - ce donc, lorſ-qu'elles auront été puiſées de-puis long-tems ? opéreront-elles

les mêmes merveilles? Jugez
en par l'aveu de ceux, qui après
les avoir bû à Paris, viennent
les boire à Vichy? Ils les trouvent tout à fait différentes; &
comment seroient - elles les
mêmes, puisque transportées
elles ne donnent plus la même
sensation au goût & à l'odorat; elles ne fermentent pas si
promptement, ni si vivement,
ni si long-tems avec les acides;
elles ne verdissent pas si promptement, ni en même quantité
le syrop violat; ainsi des autres
expériences qu'on fait en pa-
reil cas. Elles n'ont donc pas
la même vertu, la même acti-
vité. La perte seule de l'esprit
minéral dans les Eaux transf-

portées, devroit donc apeller les malades à leurs Sources ; mais j'ay encore de puiſſantes raiſons à apporter pour les y engager.

Degré de chaleur.

Il eſt conſtant que le degré de chaleur contribue beaucoup à l'action, plus ou moins forte des Eaux de Vichy, ou à les rendre plus ou moins agréables à boire : Auſſi obſerve - t'on, que plus elles ſont chaudes, moins elles ſont actives ; & que les tiédes, ou les froides, ſont plus dégoutantes, mais plus éficaces dans leur opéra-tion : ceſt parce que les eſprits, qui en ſont le principal agent, trouvent les pores plus dilatés dans les chaudes, que dans les froides, & s'en évaporent avec plus de facilité & de prompti-tude.

Il fuit de là, que pour tirer des Eaux de Vichy, tout l'avantage qu'on en peut atten-dre, il faut les boire dans le degré de chaleur, qu'elles ont à leur Source.

Or en faifant réchauffer ces Eaux tranfportées, peut-on at-teindre exactement le même degré de chaleur ?

La chofe n'eft pas bien pof-fible ; l'on fait ordinairement chauffer telle quantité d'Eau, qu'on veut boire dans la mati-née : Les prémiers Gobelets fe-ront

ront moins chauds, les fuivans le feront trop : il faut attendre qu'ils le foient moins ; par là les Eaux achevent de perdre le peu d'efprits qu'elles avoient confervés. D'ailleurs ne peut-on pas foupçonner, que les parties ignées, qui entreront dans la bouteille, altéreront la nature de ce Sel, le rendront cauftique, & qu'il fera alors des impreffions différentes fur les fibres nerveufes ?

Je dis plus. Pour attraper le vrai degré de chaleur de nos Eaux, il faut le connoître : or prefque tous ceux qui les font tranfporter, ignorent cette cir-conftance, qui me paroît ef-fentielle.

B

La grande Grille au Thermomêtre de M^r. de Reaumur, a trente - huit degrés & demi de chaleur; le petit Puits quarré, trente-neuf & un quart; le grand Puits quarré, quarante; la Fontaine Chomel, trentesept; le gros Boulet, trente & demi; le petit Boulet, vingttrois; la Fontaine des Celeftins eft tout à fait froide.

Dites-moi, je vous prie, fi en faifant chauffer nos Eaux tranfportées, on s'attache à trouver leur véritable degré de chaleur. On les boit toutes également chaudes, tandifqu'à Vichy on les boit telles que la nature les préfente, froides, tiédes ou chaudes : Eft-ce en

vain, qu'elle nous fait un pré-
sent si varié? L'expérience jour-
naliére nous démontre les différens effets de chaque Source,
par conséquent différens avantages, qu'on ne peut trouver
qu'à Vichy.

Varieté des Sources.

S'il est certain que l'action
des Eaux de Vichy varie dans
chaque Source, les malades
pour en sentir le bénéfice, ou
doivent venir à Vichy, ou il
faut qu'ils en fassent transporter de chacune, pour sçavoir
celle qui convient le mieux;
mais la plûpart se contentent
de celle de la grande Grille : il
faut qu'elle suffise à tout, &

qu'elle remplisse toutes les in-
dications. On en fait une pa-
nacée, un remede universel.

Cependant il est des cas où
il faut aider leur action, par le
tiers de celle du gros ou du
petit Boulet. Il est des personnes, qu'elles doivent beaucoup
purger; il en est, qu'elles doivent peu purger: Il est des tempéramens, que les Eaux chaudes incommodent, & qui ne
se trouvent bien que de celles
des Celestins. Celui-cy s'affec-
tionne pour le Puits Chomel,
celui-là pour le petit Puits quarré: chacun fréquente la Source
qui convient à son mal, à son
tempérament, & qui le soula-
ge. Trouvera - t'on tous ces

avantages dans les Eaux tranfportées ? Je vous laiffe la queftion à décider.

Inconvéniens de les boire à la Campagne.

Je veux qu'un malade en-
voïe prendre à Vichy des Eaux
de la Source qui convient à
fon mal ; mais s'il les boit chez
lui à la campagne, comme il
arrive ordinairement ; qui le
conduira dans l'ufage de ce remede ? Ou il fe gouvernera
lui-même, ou il fera dirigé par
fon Chirurgien ? Souvent l'un
& l'autre ne connoiffent les
Eaux de Vichy, que de nom :
Ils ne fçauront pas s'accom-
moder au tems, & à la circonf-

tance de la maladie : On pur-
gera, lorſqu'il faudra ſaigner ;
on ſaignera, lorſqu'il ſera queſtion de purger. Ils ne ſeront
pas mieux inſtruits ſur la quantité qu'il faut boire chaque
jour : cependant il eſt des occa-
ſions où il faut plus ou moins
boire ; il en eſt, où il faut ceſ-
ſer de boire, pour ſaigner, ou
recourir à quelques Bains tempérés. Je ne parle pas des fau-
tes qu'on peut commettre dans
le régime, ou dans le choix
des remedes purgatifs, ou de
ceux que l'on peut utilement
marier avec nos Eaux.

J'ay connu une perſonne,
qui en buvant les Eaux de Vichy tranſportées, avala quinze

onces de Sel de feignette, dans
l'efpace de quinze jours qu'il
les bût. Il en fut trés-peu purgé, & beaucoup incómodé; le
ventre devint tendu par la crif-
pation de fes fibres. L'année
fuivante il vint à Vichy, après
deux faignées, un minoratif
en lavage, & fix bains domeftiques; il bût les Eaux fans addition d'aucun fel, il en fut
régulierement purgé, quatre
ou cinq fois chaque jour, &
il guérit : Jugez maintenant à
laquelle de ces deux méthodes
vous devez donner la préference.

Infidélité des Commiffionnaires.

Je veux encore que le malade, & celui qui le conduit , connoiſſent la nature , & les proprietés de nos Eaux, & qu'ils en ſachent faire uſage ; mais peut-on s'aſſurer de la fidélité de celui qui les tranſporte? tout le monde ſçait le penchant des domeſtiques à n'être pas toû-jours fidèles, & combien l'argent a d'attraits pour eux? Ne les a-t'on pas vû ſouvent rem-plir leurs bouteilles au premier ruiſſeau , ou tout au plus à l'écoulement de nos Sources, où les Eaux ſont éventées ? Ne ſçait-on pas que des Bâteliers ſont venus la nuit charger leur Bâteau à l'endroit où les Eaux s'écoulent dans la riviére, & abuſer ainſi de la crédulité du Public ?

Fraude de ceux qui les débitent.

Ignore-t'on que dans des Villes éloignés, on vend pour Eau de Vichy de l'Eau commune, où on a fait diſſoudre du Sel de Seignette? Un ſçavant Medecin en fit un jour l'analyſe, & n'y trouva aucun principe des véritables Eaux de Vichy. A combien d'autres abbus de cette eſpèce ne peut-on pas s'attendre dans le tranſport de ces Eaux.

Erreur des Malades.

Pluſieurs malades ſe perſuadent, que puiſque nos Eaux ſouffrent le tranſport, & qu'elles font des merveilles, éloignées de leur source, il est inutile de les aller boire sur les Lieux, & qu'on peut boire les Eaux de Vichy à Bourbon, à Neris, au Mont d'Or, &c. & qu'en les faisant réchauffer dans d'autres Sources minérales, & chaudes, elles reprennent le volatil, & le degré de chaleur, qu'elles ont perdu dans le trajet.

C'est un vrai paradoxe, dites-vous, qui est démenti par la bonne physique : En effet, comment comprendre que des Eaux minérales, qui sont d'une autre nature que les nôtres, puissent leur transmettre ce qu'elles n'ont pas ? Or il est constant, que toutes les autres

Eaux minérales différent des nôtres, ou par la qualité, ou par la quantité du minéral, ou par leur degré de chaleur : Elles ne font donc pas les mêmes, & fi elles ne font pas les mêmes, comment pourront-elles reftituer aux nôtres ce qu'elles ont perdu ?

Fraude de la part des Baigneurs.

Ce n'eft pas tout : Les Baigneurs des autres Lieux, où il y a des Eaux minérales, étant chargés d'envoyer à leurs frais chercher des Eaux de Vichy pour les vendre aux malades, ont foin de les multiplier, & d'une bouteille en faire deux, en achevant de les remplir

dans leurs Fontaines minérales.
Plusieurs personnes s'en sont
plaint, & ont reconnu la fraude par les bouteilles décache-
tées, par l'absence du goût &
de l'odeur, & par le peu d'effets de ces Eaux.

Danger des vaisseaux où on les transporte.

D'ailleurs, dans quels vaisseaux transporte-t'on les Eaux
de Vichy ? Dans des cruches
de terre, de grais, ou dans des
vaisseaux de bois, qui auront
tenu du vin, du vinaigre, ou
quelqu'autre liqueur, capable
de leur donner un goût & une
odeur étrangere.

De plus, ignore-t'on que les
Sels

sels des liqueurs qui auront pé-
nétré le tissu de ces sortes de
vaisseaux, fermenteront avec
le sel de nos Eaux, & en chan-
geront la nature? Ne sçait-on
pas que ce sont des corps très-
poreux, que le sel minéral les
traverse, & fait des efflorences
salines à leur superficie exté-
rieure? Il arrive de là, qu'il ne
reste plus dans ces sortes de
vaisseaux, qu'un phlegme insi-
pide, ou tout au plus une Eau
dépourvûë de la majeure partie de ses principes actifs. Il n'y
a que le verre, comme moins
poreux, qui puisse les retenir,
& les conserver plus long-tems:
aussi observe-t'on qu'elles ont
plus d'action, transportées dans

C

le verre, que dans tout autre vaiſſeau.

Pratique des Medecins.

Joignons à toutes les raiſons que je viens d'alléguer, l'autorité & l'exemple des Medecins de la plus haute réputation, qui de tout tems ſont venus boire nos Eaux à la ſource, & depuis peu Mr. Helvetius, premier Medecin de la Reine, & Mr. Thieullier, Medecin de Sa Majeſté en ſon Grand Conſeil.

Jugez à préſent, Monſieur, s'il n'eſt pas plus utile de venir aux Sources de Vichy, que de boire leurs Eaux tranſportées. Tout ſemble vous y engager;

l'avantage de trouver parmi
fept Fontaines, celle qui fera
plus à la portée de votre maladie & de votre tempérament,
la bonne méthode de les mettre en ufage, l'abus qu'on en
fait ailleurs, leur fituation avantageufe, les belles promenades,
la bonne compagnie, les différens amufemens qui s'y ren-
contrent dans les Saifons, la
propreté des Logemens, l'affa-
bilité des Habitans, la pratique
conftante des Medecins de Paris & des Provinces éloignées,
lefquels malgré la grande con-
fommation de nos Eaux dans
leur Ville, ne font aucune difficulté d'accorder la préference
à celles qui fe boivent à Vichy,

C

& d'y envoyer leurs malades :
Tout en un mot vous apelle à
Vichy : reſiſterez - vous à tant
d'avantages ?

CHAPITRE II.

Des Bains, & de la Douche.

Tout ce que nous venons
de dire, ne roule que
ſur les Eaux de Vichy, priſes
intérieurement par la Boiſſon :
Elle peut ſeule ſuffire à la gué-
riſon d'un grand nombre de
maladies ; mais elle ſeroit inéfi-
cace pour une infinité d'autres.
Il faut joindre à la Boiſſon, l'u-
ſage des Bains & des Douches.
Les Bains ſont d'une ſi grande

étenduë, d'une fi grande éficacité, que les plus grands Medecins les regardent comme
une medecine univerfelle.

Il eft vrai, que pour vaincre
bien des maux, les Bains fim-
ples d'Eau commune, que l'on
prépare chez foi, peuvent fuf-
fire. Faut-il détremper le fang,
calmer fon feu, corriger fon
acrimonie, donner de la foupleffe aux folides, ouvrir les
pores, & faciliter la tranfpiration, le Bain domeftique d'eau
commune remplira ces indi-
cations?

Mais veut-on lever des obftructions, augmenter la chaleur du fang, donner du mouvement aux liqueurs, ranimer

C 3

une circulation languiſſante? Veut-on que les parties ſalines, ignées & ſulphureuſes, pénétrent plus profondément? veut-on réſoudre des humeurs épaiſſies & fixées, attaquer des duretés naiſſantes dans les articulations? veut - on ébranler des vaiſſeaux engourdis, rappeller le mouvement dans un membre perclus? vous n'en viendrez à bout, que par les Bains & la Douche des Eaux minérales chaudes.

Or on eſt privé de tous ces avantages, en buvant les Eaux tranſportées: de là tant de guériſons manquées, ou imparfaites, qui auroient été radicales, ſi on étoit venu à Vichy.

Mais, me direz-vous, je conviens que la Boisson des Eaux de Vichy doit précéder les Bains & les Douches, & que sans eux, ceux-cy seroient d'un foible secours, & peut-être dangereux; mais ne peut-on pas les faire transporter dans d'autres Lieux célébres par leurs Bains & leurs Douches, & qui passent pour être plus éficaces que ceux de Vichy ? Pourquoi multiplier la dépense, & la fatigue du voyage ?

A Dieu ne plaise, que je veüille décrediter ou diminuer le mérite des autres Bains minéraux. Je n'ignore pas leur vertu, ni le nombre des guérisons brillantes qui s'y opé-

rent : leur réputation eft bien
fondée , & elle va toûjours en
croiffant par l'intelligence , la
fagacité , & la faine pratique
des Medecins qui y font chargés de la conduite des malades ; mais ne leur déplaife, nos
Bains & nos Douches ne font
pas moins féconds en merveilles , fans entaffer icy tous les
prodiges de guérifons opérées
à Vichy, & rapportées par mes
prédéceffeurs ; je dirai feulement qu'il n'eft point d'année,
point de faifon, qui ne foient
fignalées par quelques cures
éclatantes, qui faififfent d'ad-
miration. C'eft icy cette Pifci-
ne falutaire, où les mourans,
les boiteux & les paralytiques ,

trouvent le mouvement, la vie & la fanté.

Mais entrons dans quelques détails : Les Bains & les Douches ne produifent de bons effets que par trois moïens ; 1°. Par le degré de chaleur de l'Eau. 2°. Par les principes qui la rendent minérale. 3°. Par la maniére dont elle eft lancée fur une partie.

Eû égard à leur chaleur, les Douches de Vichy ne font point inférieures aux autres. Je dis plus, que dans bien de circonftances, elles leur font fupérieures.

Plufieurs degrés de chaleur au-deffus de celle du fang, peuvent endurcir la partie fibreufe, & cuire pour ainfi dire, la limphe.

Des torrens de feu qui pafferont dans la circulation, pourront la rendre trop rapide, pourront tellement agiter, tellemenr raréfier le fang, qu'il rompra fes vaiffeaux, ou paffera dans les limphatiques. Les folides eux-mêmes, par un jeu outré, & pouffé à bout, le contraindront à fe fourvoyer. Cette terreur n'eft pas panique, l'expérience en juftifie le fondement.

Or la plûpart des Eaux Thermales ont jufqu'à douze & quatorze degrés de chaleur au-deffus de celle du fang. Que de ravages ne pourroient-elles donc pas faire, fi la prudence des Medecins n'en garantiffoit les malades? Ils ont coûtume de faire refroidir de l'Eau minérale, pour en couper les Bains & les Douches du lendemain.

A Vichy, nous n'avons pas à nous garantir contre de pareils inconvéniens; la chaleur des Eaux y eft à quelques degrés près, analogue à la chaleur du fang. La plus chaude de nos Sources ne fait monter la liqueur du Thermomêtre de M^r. de Reaumur, que jufqu'au quarantiéme degré; d'autres, jufqu'au trente-fept & trentehuitiéme, & la chaleur du fang eft de trente-deux degrés & demi.

Concluons de là, que les Eaux de Vichy ont assez de chaleur pour produire les effets salutaires qu'on en attend, sans courir les risques, qu'on peut courir ailleurs.

J'ay connu des Medecins, qui sont dans la persuasion, que les Bains & les Douches tirent toute leur éficacité du seul degré de la chaleur de l'Eau, & que les différens principes qui la rendent minérale, n'y entrent pour rien ; qu'ils connoissent des Eaux Thermales très - salutaires d'ailleurs, dans lesquelles par l'analyse on n'y peut démontrer aucun minéral, ou dans lesquelles il y en a si peu, qu'on peut dire

qu'ils

qu'il n'y en a point.

Selon cette hypothéfe, les Bains & les Douches de Vichy ne le doivent céder à aucunes autres Eaux Thermales, pour les raifons que nous avons ap-portées.

Mais fans adopter ce fenti-ment, dont on peut fe défier; je prétens que dans le Bain ou fous la Douche, les pores & les vaiffeaux abforbans de no-tre corps, comme autant de fyphons, pompent l'eau avec les atomes minéraux, qu'elle roule avec elle : Et comment ne s'y introduiroient-ils pas, puifqu'ils font au même degré de ténuité, de divifion & de legereté, que les parties aqueu-

D

ſes avec leſquelles ils conſti-
tuent un tout.

Si la majeure partie des Eaux
minérales ne doivent leurs proprietés & leurs effets, qu'aux
corpuſcules ſalins & ſulphu-
reux qu'elles charrient; celles
de Vichy ſeront - elles d'une
pire condition? Ne ſont-elles
pas, de l'aveu de tous les Sçavans, ſulphureuſes & ſalines?
Accordons-leur donc la vertu
de produire les mêmes effets.

A raiſon même du ſel, dont
elles ſont plus chargées, que
pluſieurs autres, elles doivent
être plus puiſſantes. Ces parties
ſalines, entraînées par l'eau,
ſe gliſſent dans les vaiſſeaux ca-
pillaires, s'inſinuent dans le vo-

lume des liqueurs, les séparent, les frappent, & les broient par leur choc ; elles donnent de douces secousses aux fibres, & par des percussions redoublées, elles impriment des Oscilla-tions, rapellent ou fortifient le ressort de notre machine.

Ce Sel est donc très-propre à lever les embarras, à fortifier les parties, & à rétablir les fonctions.

Mais ne soupçonnez pas, que par sa quantité, il puisse trop agacer les nerfs. Un grain de Sel noyé dans cent soixante & dix parties d'eau, a-t'il de quoi vous allarmer ?

Or il est constant, que les Eaux de Vichy n'ont de sel,

que la cent soixante & dixiéme
partie de leur poids, sur quoi
il faut encore défalquer un
vingt-deuxiéme de terre ab-
sorbante.

Par la Boisson, il entre dans
le corps une bien plus grande
quantité de ce Sel, que dans
le Bain, ou sous la Douche.
On ne se plaint pas de ses
mauvais effets, on n'en reçoit
que d'avantageux.

Enfin une Eau chaude, dé-
terminée par sa chûte sur une
partie, peut par un mouvement accéleré, joint aux cor-
puscules salins, dont elle est
chargée, peut, dis-je, résoudre
les humeurs épaissies, & rapeller le jeu de cette partie,

lorſqu'il eſt perdu.

Les Douches de Vichy peuvent avoir un degré de ſupériorité ſur les autres, en ce que ailleurs on a des Bacquets, qu'on éleve à la hauteur que l'on veut ; l'on y jette l'Eau Thermale à pleins ſceaux, à meſure qu'elle tombe ſur le malade : Par cette manœuvre, combien de parties ignées, de parties ſulphureuſes, ſalines & volatiles, perduës pour le malade.

A Vichy, il reçoit d'aſſez haut l'Eau au ſortir de ſa Source, toute chargée de ſes principes actifs, & ſans déperdition de parties ſubtiles.

Ce qui augmente encore l'é-

ficacité des Douches de Vichy,
c'eſt que le volume d'Eau de
toute la Source, qui fournit
beaucoup, obligé de tomber
ſur le malade par un Enton-
noir fléxible, pour être porté
où l'on veut, & dont l'iſſuë eſt
étroite : *Quà data porta ruit*,
ſort avec impétuoſité, & frape
aſſez rudement la partie, pour
la faire rougir en peu d'inſ-
tans, & pour produire enſuite
des ſueurs abondantes.

Ce n'eſt donc pas ſans raiſon, que je voudrois que les
malades auſquels on a con-
ſeillé les Eaux de Vichy, s'y
tranſportaſſent pour y trouver
tous les avantages qu'ils atten-
dent de ce remede. Ce n'eſt

donc pas multiplier la dépenfe & la fatigue du voyage, c'eft les diminuer, puifqu'à Vichy on y boit, on s'y baigne, on s'y douche avec fuccès.

Venons à la partie la plus utile de cette Differtation, à la maniére de fe conduire dans l'ufage des Eaux de Vichy.

SECTION SECONDE.

De la maniére de fe conduire dans la Boiffon des Eaux de Vichy.

LEs remedes les plus fouverains peuvent devenir préjudiciables par l'abus qu'on

en fait, par le défaut de pré-
paration, ou par les circonſtances où ſe trouvent les malades.

Les nourritures les plus ſaines
deviennent nuiſibles, ſi on les
prend à contre-tems, en trop
grande quantité, ou trop ſouvent.

Sera-t'on ſurpris, ſi les Eaux
de Vichy, remede d'ailleurs
d'une ſi grande étenduë, ne
répondent pas toûjours à l'at-
tente des malades, ou ſi quelques fois elles produiſent des
effets contraires à leurs déſirs.

Avant que de faire uſage de
quelque remede que ce ſoit,
on a coûtume de s'y préparer,
& d'uſer de précautions. La
même règle doit être obſervée

pour les Eaux de Vichy. Il eſt
des obſervations à faire, 1°.
Avant de les boire. 2°. Quand
on les boit. 3°. Quand on a
ceſſé de les boire. Nous allons
parcourir ces trois objets dans
les trois Chapitres ſuivans.

CHAPITRE I.

Qu'il faut conſulter ſon Medecin.

Quoique les Eaux de
Vichy, ſoient de tous
les remedes, peut-être un des
plus innocens; il y auroit cependant de l'imprudence, &
elles pourroient être préjudiciables, ſi on s'y livroit ſans la

déciſion & l'aveu de ſon Medecin. C'eſt à lui à juger ſi le
remede convient à votre mal.,
aux circonſtances de votre mal,
& à votre tempérament. C'eſt
à lui à vous apprendre de quelle Source vous devez faire uſage, la quantité que vous devez
boire chaque jour, & pendant
combien de tems vous devez
boire. C'eſt à lui à juger, ſi les
Bains & les Douches vous conviennent, & dans quelles circonſtances elles vous conviennent : Enfin c'eſt au Medecin
à déterminer ſi vous avez beſoin d'être ſaigné & purgé, &
& dans quel tems vous en avez
beſoin.

N'écoutez donc pas tous ces

Empiriques, ces demi Sçavans,
ces donneurs d'avis, qui jugent
de toutes les maladies, de tous
les tempéramens par les leurs ;
qui, parce qu'ils se sont bien
trouvés d'une Source, la con-
seillent indifféremment à tous
les malades, & qui parce qu'ils
sont peu scrupuleux sur les remedes généraux, & sur le régime, se citent pour exemple
à tous les autres. La peine suit
souvent de près une telle imprudence.

Mais comme plusieurs per-
sonnes de la campagne ne sont
pas toûjours à portée de consulter, & d'être conduits par
un Medecin ; encore moins de
se transporter à Vichy, eû

égard à leurs facultés & à leurs
occupations; tout ce que nous
dirons dans la fuite, pourra
fervir à ceux qui boiront les
Eaux tranfportées, comme à
ceux qui les boiront à leurs
Sources.

Maladies aufquelles conviennent les Eaux de Vichy.

1°. En général, on peut s'affurer que la Boiffon des Eaux
de Vichy a lieu, toutes les fois
que la circulation languit, ou
eft dérangée par l'épaiffiffement du fang & de la limphe,
ou que les parties folides ont
perdu leur reffort par le relachement. 2°. Toutes les fois
qu'il s'agit de laver, de détremper

per le fang, le rafraichir, l'at-
ténuer & le brifer.

3°. Toutes les fois qu'il fera queftion de lacher ou purger le ventre, nettoyer ou animer les organes de la digeftion.

4°. Lorfqu'il faut ouvrir les voïes de la tranfpiration & des urines, ou de rétablir les fecretions, rapeller les règles, les moderer, où corriger les intempéries de la matrice.

Maladies de la Peau.

Ainfi elles conviennent parfaitement dans les maladies de la peau, comme Galles, Teignes, Démangeaifons, Dartres, Érefypèles, Écroüelles, fuppreffion de tranfpiration.

E

Bouffissures , Teint dépravé, Cachexie , Leucophlegmacie.

Des Nerfs.

Obstructions, Convulsions, Mouvemens convulsifs, Tremblemens, Paralysie , Rhumatismes.

Les Fiévres.

Dans plusieurs Fiévres intermittentes , irréguliéres , erratiques , chroniques , tierces, quartes, doubles quartes; dans la mélancolie & les maladies hippocondriaques.

Maladies de la Tête.

Dans les douleurs, migraines, inte mpéries du cerveau,

éblouïffemens, vertiges, in-
fomnies, affoupiffemens, fuites & difpofitions apoplecti-
ques & léthargiques; catharre,
incommodité de pituite, tin-
temens d'oreilles, difficultés de
l'ouïe.

De la Poitrine.

Dans l'Aftme, la Palpita-
tion, la Sincope.

De l'Eftomach.

Défaut d'appétit, appétit
dépravé, naufées, vomiffemens, amertumes de bouche,
crudités, foibleffe d'eftomach,
indigeftion, digeftion trop
lente, ou trop prompte, douleur, chaleur, froideur, pefan-

teur d'eftomach, gonflemens, picotemens, rots, hocquets, colique d'eftomach, Lienterie, contre les vers de toute efpèce. J'ai vû plufieurs perfonnes dans l'ufage des Eaux de Vichy rendre des portions confidérables de vers folitaires.

Des Vifcères.

Obftructions, douleurs, chaleurs, tumeurs, duretés, gonflemens des vifcères, du foïe, de la ratte, Ictericie ou jauniffe dans les obftructions du canal cholidoque, dans les embarras & les pierres de la veſſicule du fiel, dans les épaiſſiſſemens de la Bile, dans les commencemens d'hidropifie.

Des Intestins.

Comme constipation, tenesme, diarrhées, flux bilieux, flux hépatique, dissenterie, affection cœliaque, Ileon, cholera-morbus, les vents, les hémorrhoïdes.

Des Reins & de la Vessie.

Comme douleurs, coliques néphrétiques, chaleurs des reins, la pierre, la gravelle, suppression d'urine, strangurie, ardeur, incontinence d'urine.

Des Femmes.

Comme jaunisse, pâles couleurs, règles supprimées, trop

E 3

abondantes, fleurs blanches &
verdâtres, vappeurs, fterilité.

*Maladies, aufquelles les Eaux
de Vichy ne conviennent pas.*

Elles ne conviennent point
à toutes les maladies qui font
l'effet de la trop grande ténuité ou diffolution du fang, ou
de la trop grande tenfion, ou
deſſéchement des parties folides.

Elles feroient nuifibles dans
toutes les inflammations, dans
les abfcès, les ulcères du pou-
mon, la phtifie, la pulmonie,
certaines fiévres lentes, fiévres
hectiques; dans les hidropifies
confirmées, les fiévres conti-
nuës, ou fubintrantes; dans

l'Épilepsie idiopatique, qui a son siége dans le cerveau. Pour celle qui est simphatique, elles réüssissent à merveille.

Je les crois dangereuses dans les accès de Goutte, & elles seroient infructueuses dans toutes les maladies vénériennes & scorbutiques.

Tempérament.

On entend par tempérament cet état, cette condition qui résulte de l'assemblage de chaque partie solide, & de chaque liquide de notre corps, & de la maniére dont les solides exercent leurs fonctions, & dont les liquides obéissent à l'impulsion, ou aux oscillations des solides.

Comme toutes ces combinaisons font différentes dans presque tous les individus, il en doit résulter une variété étonnante de tempéramens.

Mais on ne peut guéres s'y méprendre, lorsqu'il est question de boire les Eaux de Vichy. Comme elles font propres aux deux tiers des maladies, je puis assurer qu'elles conviennent aussi aux deux tiers des tempéramens, de quelque espèce qu'ils soient.

Il n'y a à excepter, que ceux qui péchent par trop de chaleur & de sécherefse, qui ont les fibres aussi defséchées, aussi tendues que la peau d'un tambour, & dont la limphe est plus corrosive que nourrissante.

Ceux dont le sang prend feu facilement, & est susceptible d'une expansion capable de déranger les fonctions.

Ceux qui ont une espèce de fiévre tonique, ou fiévres des parties solides, dans lesquels vous trouvez toûjours de la dureté dans le pouls, & de la rigidité dans l'artère.

Ceux dont les nerfs sont toûjours dans l'Erethisme.

A ces sortes de tempéramens, dont le ressort est déja trop grand, les remedes purement aqueux, les délayans & les anodins conviennent mieux que nos Eaux, qui sont toniques; c'est-à-dire propres à augmenter le jeu & le reſſort des parties.

L'Age.

Les enfans & les vieillards peuvent - ils eſperer quelques ſoulagemens des Eaux de Vichy. ?

Pourquoi priveroit - on les enfans de ce ſecours ? Eux qui mangent à toute heure, dont le régime eſt la ſource de quantité d'humeurs groſſiéres, indigeſtes, putrides, bilieuſes, vermineuſes ; les enfans qui ſont ſujets à des fiévres longues, à des obſtructions, à des gonflemens , des dureteés du bas ventre : pourquoi, dis-je, les priveroit-on de ce remede

fpécifique à ces fortes d'infir-
mités.

J'ay l'expérience de ce que
j'avance, dans un de mes enfans, qui a deux ans & demi;
extenué, languiffant, & prefque moribond à la fuite d'une
fiévre opiniâtre & putride,
voyant tant de perfonnes boire
à nos Fontaines, voulut être de
la partie, fans doute pour calmer fa foif: Il en bût quelques
petites verrées, y prit du goût,
& alloit toute la journée boire
avec une coquille de noix, bar-
botter & tremper dans la grande Grille, bifcuits, dragées &
généralement tout ce qu'on lui
donnoit à manger. Tout le
monde fe plaifoit à le voir

ainſi s'amuſer; il a depuis re-
pris un embonpoint charmant.

Ne purge-t'on pas dans l'occaſion; ne ſaigne - t'on pas les
enfans? Ne leur donne - t'on
pas des fondans, des apéritifs,
des contre - vers? Pourquoi ne
leur preſcriroit-on pas quelques
verrées d'Eau de Vichy, dont
il y a certainement moins à
craindre, que des autres remedes qu'on leur donne?

Par la même raiſon on les
ordonne utilement aux vieillards, à moins qu'ils ne ſoient
tout à fait décrépits : Ce remede ne les empêcheroit pas de
payer le tribut à la nature.

Mais pour les autres, c'eſt
le moïen de les faire vivre plus
long-

long-tems, de retarder les in-
commodités de la vieilleſſe,
d'entretenir leur chaleur natu-
relle, le jeu des parties ſolides,
la régularité des ſecretions, la
ſoupleſſe & le reſſort des organes de la digeſtion, l'unifor-
mité dans la circulation, &
prévenir les maux qui ſont la
ſuite d'une limphe épaiſſie, qui
roule difficilement, & ne fournit plus aux ſecretions. Tous
les ans nous voyons des Sep-
tuagénaires boire nos Eaux, &
s'en bien trouver.

Le Sexe.

On eſt d'accord, que les perſonnes du Sexe peuvent dans
l'occaſion recourir aux Eaux

F

de Vichy; mais il eſt deux circonſtances où les Femmes &
les Filles ſe trouvent ſouvent,
qui demandent quelques réfle-
xions.

Peut-on ordonner les Eaux
de Vichy à une Femme groſſe,
ou qui a ſes règles?

Pour répondre à la première
queſtion, je dis que pluſieurs
Femmes ſe ſont trouvées en-
ceintes, ſans le ſçavoir, ont bû
ces Eaux, & n'en ont reçû aucun dommage. Quelques-unes
même, n'ignorant pas leur
état, en ont bû ſobrement
pendant quelques jours, & en
ont uſé enſuite de quelques
doux purgatifs avec ſuccès.

On eſt quelquesfois obligé

de faigner largement, & purger affez fortement les Femmes groffes. Pourquoi leur in-
terdiroit-on les Eaux de Vichy,
qui n'ont pas les inconvéniens
des autres remedes ? Elles pur-
gent fans tranchées, & ne pur-
gent pas trop ; elles font faites
pour l'eftomach : Et combien
n'a - t'il pas à fouffrir dans la
groffeffe ? Ces Eaux peuvent le
laver, noyer & entraîner fans
tumulte les humeurs groffiéres,
& calmer les orages, dont ce
vifcère eft fouvent la victime.

Mais il faut ufer de prudence : on s'en fert pour rapeller
l'évacuation périodique, & cette évacuation dans la groffeffe,
pourroit avoir des fuites fâ-

cheufes. Il ne faut donc pas les boire inconfidérement, en quantité, ni long - tems, ni fans l'avis d'un Medecin éclairé.

S'il ne s'agiffoit que de fe préparer à être purgé, deux ou trois Gobelets, pris pendant trois ou quatre jours, ne feroient fuivis d'aucun dérangement, & le plus fimple minoratif purgeroit alors fans danger.

Paffons au fecond objet de la queftion : Une Femme dans le tems de fes règles, peut-elle commencer, ou continuer de boire les Eaux de Vichy ?

Ou elle les a trop abondantes, & de bonne qualité; dans ce cas il eft prudent, pour ne point déranger la nature, d'attendre à boire, que l'écoulement ait ceſſé.

Ou bien elles ne ſont pas trop abondantes; elles arrivent dans leur tems avec la quantité & la nature qui conviennent; on peut dans ce cas boire, mais ſobrement.

Enfin une femme n'eſt pas bien réglée, l'évacuation chicane pour le tems & la quantité; la qualité en eſt viciée, elle ne fournit qu'une matiére ſanguinolente, ſereuſe, verdâtre, noirâtre ou blanchâtre : Je dis qu'alors on peut boire hardiment & largement.

La Saiſon.

Il en eſt des Eaux de Vichy,

F 3

comme d'un grand nombre d'autres remedes : on attend la belle Saison pour les mettre en usage, & il est certain que la douceur & la sérénité de l'air contribuent beaucoup à les faire réüssir.

Lors donc que la maladie le permettra, que les progrès n'en seront point trop rapides, qu'il s'agira de prévenir une rechûte, le tems le plus commode pour la Boisson des Eaux de Vichy, est depuis le mois de May jusqu'au quinze Octobre.

Mais dans une nécessité pressante, dans les suites d'apoplexie, dans une violente colique, &c. il faut recourir à ce remede en tout tems, & le plûtôt qu'il eft poffible. Je dis même, que dans toutes les maladies, dont nous avons fait l'énumération, on peut les boire avec fuccès en Hyver comme en Efté, dans l'Automne comme au Printems.

En effet, rien n'empêche que dans toutes les Saifons, on n'y trouve le foulagement que l'on cherche.

Nos Eaux ont en tout tems le même degré de chaleur, ne fe troublent jamais, & confervent toûjours la même limpidité : Elles ont en tout tems la même quantité de minéral, & répondent également aux expériences que l'on en fait en Hyver, comme à celles que l'on fait en Efté.

Je connois bien des perfonnes, qui font dans la perfua-
fion que les Eaux de Vichy ne
font pas fi éficaces lorfqu'il
pleut beaucoup; qu'il faut, difent-elles, attendre que les
pluïes foient écoulées, & que
la chaleur du Soleil ait épuré
nos Eaux.

C'eft une erreur : Les Eaux
de Vichy dans les plus grandes
féchereffes ne diminuent jamais d'une demie ligne ; elles
n'augmentent jamais d'une demie ligne, quelques longues,
quelques abondantes que foient
les pluïes. Elles n'ont donc
point de communication avec
nos Fontaines, & ne peuvent
caufer aucune altération à la

pureté de leurs Eaux; & puiſ-
qu'elles conſervent en tout tems
la même limpidité, le même
degré de chaleur, la même
quantité de minéral, les pluïes
ont donc le tems de s'écouler
avant qu'elles ayent percé pluſieurs couches pour y parvenir;
ou elles ſont retenues par quelques couches de pierres ou
d'argile, qui les empêchent de
pénétrer juſqu'à la ſource de
nos Eaux, qui coulent beaucoup au - deſſous.

L'Hiver n'eſt donc pas un
obſtacle à l'uſage des Eaux de
Vichy : il s'agit ſeulement de
ſe précautionner contre les ri-
gueurs de cette Saiſon, par une
chaleur modeŕée & égale, en

gardant le lit , où en ſe pro-
menant dans une chambre bien
fermée & échauffée, juſqu'au
dix - ſeptiéme degré du Ther-
mometre de Mr. de Reaumur,
ou environ; c'eſt le degré de
chaleur qui convient à la chambre d'un malade.

Il faut éviter de s'expoſer au
froid, & aux frimats de l'air,
avant que les Eaux ayent eû
leur écoulement par les ſelles,
les urines, ou par la tranſpiration : avec de pareilles précautions , on peut s'aſſurer de la
réüſſite du remede.

De la Saignée , & des Purgatifs.

Enfin pour boire avec ſuccès
les Eaux de Vichy, il convient

de s'y préparer par les remedes généraux; c'eſt-a-dire , par la Saignée & par les Purgatifs.

Mais cette règle n'eſt pas générale, & ne s'étend pas à toutes fortes de maladies & de tempéramens: il faut conſulter ſon Medecin.

Les perſonnes cacochines & épuiſées , les perſonnes bouffies, celles dont les parties ſont tombées dans le relachement, par une ſeroſité abondante , n'ont pas ordinairement beſoin de ſaignée; nous ne ſaignons pas non plus dans les maladies de la limphe , lorſqu'on a rien à aprehender de l'expanſion , ni du mouvement des liquides.

Mais dans tout autre cas, nous faisons saigner pour donner du jour au sang, & afin que les Eaux trouvent affez d'espace pour rouler commodément, & sans obstacle, dans toutes les ramifications des vaisseaux : Il est même des personnes sanguines, & d'un tempérament chaud, que nous faisons souvent saigner plusieurs fois, de même que ceux qui ont quelque dureté dans l'artère, & dont les pulsations sont fortes & élevées. Cette précaution est souvent nécessaire, avant de les mettre à l'usage des Eaux.

La Saignée se fait ordinairement du bras; mais dans les
suites

suites d'apoplexie, dans les paralysies qui les ont suivies; dans les convulsions ou mouvemens convulsifs; dans les suppressions de règles ou d'hemorroïdes, nous préférons souvent la saignée du pied.

Pour ce qui concerne la purgation, nous dirons en peu de mots, que lorsque nous avons affaire à des corps replets & cacochîmes, ou dont les premiéres voïes sont farcies d'impuretés grossieres & tenaces, que les Eaux auroient de la peine d'entraîner, nous purgeons quelquesfois; mais rarement : nous avons recours à l'émetique, avant de lesmettre à la boisson des Eaux;

G

mais dans toute autre circonſ-
tance, nous faiſons boire trois
ou quatre jours avant de purger. Par cette méthode on dé-
trempe, & on rend plus fluides
& plus traitables les humeurs
qu'on veut évacüer ; & le
moindre purgatif réüſſit à merveille.

CHAPITRE II.

Que faut - il obſerver, en buvant les Eaux de Vichy?

IL faut ſçavoir l'heure convenable de les boire, de
quelle Source on doit boire,
pendant combien de jours, de

quels purgatifs ufer; le régime qu'on doit garder, ce qu'il faut éviter : Enfin il faut fçavoir remedier aux inconvéniens qui peuvent arriver. Nous allons parcourir tous ces Articles, mais fuccintement.

L'heure convenable.

Le tems le plus propre pour boire les Eaux de Vichy eft fans doute le matin. La digeftion du dernier repas étant alors totalement finie, & le chile qui en eft le produit, s'étant tout diftribué dans les vaiffeaux, ou affiné en fang, on ne rifque pas que les Eaux l'entraînent avec elles, & privent par là le corps de cette liqueur deftinée à en reparer le déchet. D'ailleurs, le matin le mouvement du Sang est plus tranquile, l'air plus tempéré, les Buveurs en plus grand nombre, la Compagnie plus amusante par conséquent: on doit-donc profiter de ce tems pour boire.

On commence ordinairement à cinq ou six heures du matin, & on a fini à huit heures ou huit heures & demie. S'il se trouvoit cependant quelques Personnes délicates ou languissantes, ou qui par habitude ne pourroient se lever matin, sans en être incommodées, elles peuvent en assurance dormir jusqu'à huit heures; mais dans cette circonstance il convient de boire une moindre quantité, ou de reculer le dîner, afin que les Eaux ayent eû le tems de s'écouler, avant qu'on prenne de la nourriture, qui pourroit déranger la nature, alors occupée de l'action des Eaux.

De quelle Source doit-on boire ?

Tous les jours on me demande, quelle est la meilleure des fept Sources minérales de Vichy.

Je répons ordinairement, que la meilleure est celle qui convient mieux à la maladie, & au tempérament ; que l'une n'est meilleure, que rélativement aux circonstances du mal

& de la conftitution du malade.

Cependant il faut avoüer, que celle qui eft à la portée de la majeure partie des Eftomachs, eft celle de la grande Grille : c'eft celle dont on fait un ufage plus fréquent ; c'eft celle que l'on tranfporte à Paris, & dans les Provinces, à moins que les Medecins, ou les malades, ne fpécifient précifément la Fontaine dont ils ont befoin.

Ainfi pour les compléxions ordinaires, nous prefcrivons les Eaux de la grande Grille; mais fi nous avons affaire à des corps replets & vigoureux, à des perfonnes difficiles à émou-

voir, dont les humeurs font tenaces ; s'il faut fondre des obftructions invétérées ; s'il faut
calmer ou prévenir une colique opiniâtre; fi la bile eft ré-
fineufe, & coule difficilement,
nous avons coûtume d'ordonner le tiers ou la moitié de celle du gros ou du petit Boulet,
avec les deux tiers ou la moitié
de la grande Grille, en com-
mençant & finiffant toûjours
par cette derniére.

Dans quelques circonftances
de vappeurs, dans les pâles couleurs, dans les fuppreffions de
règles, nous avons recours au
tiers de celle du petit Boulet,
& aux deux tiers de celle de la
Grande Grille.

Dans les vappeurs , les chaleurs d'entrailles, les maladies
des reins & de la veſſie, nous
employons les Eaux du Rocher
des Celeſtins, que nous faiſons
ordinairement chauffer dans
une des Sources chaudes , de
crainte que la froidure de cette
Eau ne faiſſiſſe ou n'irrite l'eſtomach & la poitrine de certains
malades ; mais lorſque nous
n'avons pas à apréhender cet
accident , & que le malade
n'en ſouffre aucune incommodité ; nous faiſons boire cette
Eau, telle qu'elle eſt à la Source; c'eſt - à - dire, froide.

Pour les Eſtomachs froids,
dans quelques cours de ventre,
quelques vomiſſemens , nous

avons recours au grand ou au petit Puits quarrés. Pour les conſtitutions, & les poitrines délicates, le grand & petit Puits quarrés, qui ſont les plus chauds, les plus balzamiques, & les moins actifs, conviennent mieux.

Si les Eaux chaudes agitent ou nuiſent à quelques Buveurs, nous les envoyons aux tiédes ou aux froides.

Nota. Il faut autant qu'il eſt poſſible ſe conformer au degré de chaleur de chaque Source, de ſorte que ſi l'on fait tranſporter des Eaux de la grande Grille, du grand & petit Puits quarrés, ou de la Fontaine Chomel, on doit les boire plus

chaudes ; celles du gros & petit
Boulet moins chaudes, & celles du Rocher des Celeſtins,
froides ou dégourdies, pour les
tempéramens foibles , & les
poitrines & les eſtomachs, que
l'eau froide pourroit agacer :
En buvant ainſi ces derniéres ,
elles perdent moins d'eſprits ,
& en ſont plus actives.

Il eſt deux maniéres de les
réchauffer : on a une bouteille
d'une ou de deux pintes, plei-
ne d'Eau minérale , que l'on
met dans un chaudron d'eau
commune, que l'on tient ſur
le feu : on en retire la bouteille
lorſque l'on croit que l'Eau en
eſt aſſez chaude, & on l'y re-
met , lorſqu'elle ne l'eſt pas
aſſez.

Ou bien plus fimplement, on fait chauffer dans une caffetiere couverte l'Eau minérale, & lorfqu'elle eft bien chaude, on remplit à moitié, ou aux deux tiers fon Gobelet d'Eau minérale froide, & on acheve de l'emplir de la chaude.

Il faut avoir attention de ne faire chauffer, que la quantité qu'on veut boire dans la matinée.

Quelle Quantité faut-il boire ?

On ne peut pas déterminer au jufte ce que chaque perfonne doit boire dans la matinée : J'en ay vû qui ont été affez purgées par quatre Gobelets, d'autres l'ont trop été par huit;

d'autres enfin le font peu, ou point du tout, par douze Gobelets.

C'eſt pourquoi, dès les prémiers jours on va lentement, on commence par trois ou quatre Gobelets de demi-feptier chacun, & on augmente chaque jour d'un ou de deux, juſqu'à ce qu'on a trouvé la quantité qui convient, & n'incommode pas. On peut cependant s'aſſurer, que communément on peut boire depuis huit juſqu'a douze Gobelets, qui font deux & trois pintes, meſure de Paris. J'ay connu des perfonnes, qui en ont bû juſqu'a cinq & ſix pintes; mais ces tempéramens ne ne font pas communs.

En général, il eft plus prudent de moins boire, que de trop boire : cependant il eft bon de dire qu'en cela l'eftomach doit être juge ; que lorfqu'on y fent ni gonflement, ni pefanteur, non plus que dans le ventre ; que l'on ne fe trouve point fatigué par la quantité d'Eau que l'on boit, ni par le nombre des évacuations, on peut s'égayer à boire un ou deux Gobelets de plus, que nous n'avons marqué.

En buvant, il faut fe promener, fans fe fatiguer, & mettre ordinairement un quart d'heure d'intervale entre chaque verrée.

H

Si on veut que les Eaux pur-
gent plus promptement & plus
amplement, on preſſe les verrées ; c'eſt-à-dire, qu'on ne met
qu'un demi quart d'heure de
diſtance de l'une à l'autre, ou
on en boit deux coup ſur coup.

Il eſt cependant plus ſage
d'attendre que le premier Gobelet ſoit ſorti , du moins en
partie de l'Eſtomach , avant
que de le ſurcharger d'un autre.

Je ſuis dans la perſuaſion, &
l'expérience la confirme, que
ſi en buvant les Eaux de Vichy
tranſportées, on uſoit des précautions que nous venons de
marquer, ſi on en prenoit aſſez long - tems , & en aſſez

grande quantité, elles produi-
roient des effets beaucoup plus
avantageux ; mais on fe con-
tente d'en boire une pinte ou
deux pendant trois ou quatre
jours ; on y ajoûte du Sel de
Seignette : par là on les préci-
pite par les felles, & on les empêche de paffer dans le fang &
la limphe , où elles auroient
operé des merveilles. Cela s'a-
pelle fe purger avec les Eaux
de Vichy, & non pas boire les
Eaux de Vichy.

Combien de jours doit-on boire ?

Les réfléxions fuivantes dé-
cideront cette queftion.

Veut - on fe difpofer à être
purgé? Veut-on détremper les

humeurs qui font dans les premieres voïes, laver les conduits urinaires? Quatre, cinq ou fix jours de boisson suffisent.

Je dirai en passant, que la meilleure maniére de fe préparer à la purgation, est de boire pendant quatre ou cinq jours une pinte ou trois chopines d'Eau de Vichy : Les humeurs en deviennent plus fluides, & obéissent mieux ; on a pas befoin d'une forte medecine, on est toûjours beaucoup purgé, jamais trop, & sans douleurs ni tranchées.

Veut-on laver le sang, l'adoucir, animer les secretions ; en un mot veut-on guérir d'une infirmité ordinaire ? Buvez pendant quinze jours.

Mais il est des maladies re-belles, des obstructions enraci-nées, des paralisies revêches, des coliques opiniâtres, contre lesquelles trois semaines de boisson ne suffiroient pas ; il faut des mois entiers, il faut tout un printems, souvent même toute l'automne.

Aussi avons - nous coûtume de retenir pour les deux Saisons ceux qui ont des maladies chroniques & rebelles. On leur permet quelquefois de se reposer trois semaines ou un mois, & quand même ils se croiroient guéris à la premiere Saison, nous les engageons à profiter de la seconde, pour

H 3

confirmer leur guérifon.

Je connois un Monfieur à Paris, qui n'a pû guérir d'une colique habituelle, qui le tourmentoit depuis plufieurs années, qu'après avoir bû nos Eaux pendant trois femaines, & s'être affujetti à les boire huit ou dix jours chaque mois de l'année; c'eft par ce feul moyen qu'il vit fans douleur.

De quels Purgatifs ufer.

Nous avons dit, que lorfqu'il n'y a point de néceffité de purger, avant de commencer les Eaux, nous en faifons boire trois ou quatre jours en petite quantité, & qu'enfuite nous purgeons éfficacement

avec les remedes les plus fim-
ples & les plus innocens, que
nous apellons minoratifs, tels
que font la Caffe, la Manne,
les Tamarinds, le Sirop de chicorée compofé, le Sirop de
fleurs de pefchers, le Sel de
Seignette végétal, Polichrefte,
de duobus, ou *Arcanum duplicatum*, d'Epfom, ou avec le fel
de nos Eaux; quelquesfois avec
la Rhubarbe, les Follicules de
Senné, rarement avec fes feüilles, encore moins avec des drogues ftimulantes ou incendiai-
res.

Quelquesfois nous purgeons
feulement au commencement
& à la fin de la Boiffon : Souvent tous les fix ou huit jours,

dans les circonftances où il faut évacüer, à mefure que les humeurs font fonduës, & que la maladie demande de fréquentes purgations.

Il eft des tempéramens qui ne peuvent prendre aucun purgatif, de quelque efpèce, & quelque doux qu'il foit, fans tomber dans des accidens confidérables : à ces perfonnes nous confeillons feulement de recevoir pendant quelques jours, après avoir ceffé de boire ; de recevoir, dis-je, un ou deux lavemens par jour : ou bien dans les derniers jours de la Boiffon nous aiguifons les Eaux par quelques gros des Sels que nous venons de nommer.

En faveur de ceux qui boivent les Eaux tranſportées à la Campagne, nous ajoûterons quelques Formules de Medecine.

Pour les perſonnes faciles à émouvoir après trois jours de boiſſon.

Prenez deux onces de Manne, faites-les diſſoudre ſur le feu dans un Gobelet d'Eau minérale : coulez.

Autre un peu plus forte.

Prenez deux onces de Manne, trois gros de Sel de Seignette, faites-les fondre dans un boüillon à moitié cuit, & ſans ſel, ou dans un Gobelet d'Eau de veau ou de poulet.

Autre plus forte.

Prenez une petitte poignée de feüilles de chicorée sauvage, une bonne pincée de fleurs de peschers, faites faire deux ou trois boüillons : dans un grand Gobelet de cette décoction, faites infuser trois onces de casse, une once & demie ou deux onces de Manne ; coulez & ajoûtez un gros de Sel Polichreste ou végétal, ou d'*Arcanum duplicatum.*

Autre encore plus forte.

Prenez deux gros de Follicules de Senné, un gros de bonne Rhubarbe en petits mor-

ceaux, trois gros Sel de Seignette, faites infufer dans un
Gobelet de décoction de chicorée ; fur la fin faites fondre une
once & demie de Manne, coulez & ajoûtez une once de Sirop de fleurs de pefchers ou de
chicorée compofé.

Si on veut purger un peu
plus fortement, au lieu de Follicules, on prend deux ou trois
gros de feüilles de Senné mon-
dé, qu'on fait infufer avec les
drogues que nous venons d'indiquer.

Nous purgeons très - rarement, en poudre, en bol ou
en opiatte ; moins les purgatifs
ont de volume, plus on doit
s'en défier.

Le Régime.

Ce ſeroit icy le lieu de s'é-
lever contre la maniére de vivre d'un grand nombre de Buveurs, des Seigneurs ſurtout,
& des perſonnes opulentes. Ils
viennent à Vichy y faire auſſi
bonne chére, qu'ils ont coûtume de faire à Paris. Leurs ta-
bles ſont couvertes de mets de
différens goûts, de divers aſſai-
ſonnemens, ſouvent très-indi-
geſtes : on y ſert des vins de
liqueurs des compoſitions ſti-
mulantes & meurtriéres, ſans
penſer qu'ils ne ſont malades,
que pour avoir uſé d'alimens
trop préparés, de viandes trop
ſucculentes, qui ont engoué
les

les vaiſſeaux, de liqueurs in-
cendiaires, qui en flâtant le
goût, ont durci la fibre du
ſang, & racorni l'Eſtomach :
de là la difficulté de la digeſtion, la peſanteur & gonflement des viſcères du bas ventre;
de là enfin une circulation languiſſante ou irréguliére de tous
les liquides.

On vient à Vichy pour re-
medier aux deſordres de ſa ſan-
té; mais on y chérit toûjours
l'ennemi qui l'a dérangée ; on
le chaſſe d'une main , & on le
careſſe de l'autre.

Il arrive de là qu'on quitte
Vichy avec les mêmes infirmi-
tés qu'on y avoit apportées,
qu'on accuſe les Eaux d'être

I

peu éficaces ; reproches qu'elles n'ont pas mérité, & qu'on ne doit imputer qu'au mauvais régime qu'on a gardé.

En effet parmi tant de mets de différens apprêts, n'en eft-il pas grand nombre qui contiennent de quoi décompofer nos Eaux, fermenter avec elles, & changer la nature de leur minéral, de quoi contrarier les ofcillations que les Eaux ont imprimées aux fibres nerveufes, & changer la direction & le mouvement qu'elles avoient donné aux liquides ?

Le régime doit donc concourir à l'éficacité des Eaux de Vichy, comme de tout autre remede : il ne doit fournir que des alimens de facile digeſtion, un chile doux ; homogêne, qui puiſſe ſe préparer ſans tumulte, & paſſer dans le ſang ſans orage.

Dans cette vûë on ne doit uſer que de viandes blanches, boüillies ou rôties, ou très-peu aſſaiſonnées.

Le Bœuf, le Veau, le Mouton, l'Agneau, le Chevrau, la volaille, le Poulet, les Perdraux, Laperaux, Pigeonnaux, les Dindonnaux ſont les alimens dont on doit uſer plus cõmunément.

Deux heures ou deux heures & demie après avoir bû les Eaux, on peut déjeûner avec une croûte de pain & un verre de vin trempé, ou prendre un boüillon ; cette confolation n'eft accordée qu'aux perfonnes foibles & languiffantes, ou qui fe fentent quelque befoin de prendre de la nourriture : les autres feront bien d'attendre le dîner. On doit raifonner de même fur le goûter.

On doit faire un bon repas à midy , boire fobrement du vin vieux, bien meur & mêlé d'eau.

A la fin de ce repas, les perfonnes d'une conftitution molle , phlegmatique, pituiteufe, mélancholique , ou qui ont l'eftomach foible par relâchement, peuvent prendre un peu de vin pur, de vin d'Efpagne, ou du Caffé ; mais les tempéramens vigoureux, chauds, sanguins, secs & bilieux doivent s'en abstenir.

Celles qui par une habitude insurmontable ne peuvent se passer de Caffé, doivent du moins le prendre moins chargé, & une seule fois par jour. Enfin on doit soûper légérement sur les sept heures, & se coucher à neuf heures, pour se lever à cinq ou six.

Ce qu'il faut éviter.

Il faut s'interdire tous les alimens grossiers, indigestes, les viandes noires, ragoûts, patisseries, viandes salées, les légumes, la salade, les fruits cruds, tous les alimens maigres,

I 3

& les poiffons. On mange cependant innocemment des œufs frais, des truites, des écreviffes, pourvû qu'elles foient préparées fans vinaigre, avec peu de fel & de poivre.

Il convient de renoncer à toute occupation férieufe, à fes affaires domeftiques, aux exercices violens & fatiguans. Il faut éviter l'ardeur du Soleil, l'ombre trop fraîche, & les lieux froids, qui pourroient retenir ou diminuer la tranfpiration.

Il ne faut point abfolument dormir l'après-midy, furtout fi on a bû une affez grande quantité d'Eau. Pour ne point fucomber au fommeil, on doit se promener, s'amuser en compagnie, ou à quelque jeu qui ne demande pas une grande contention d'esprit.

Comment remédier aux accidens qui surviennent, en buvant les Eaux.

Ces accidens pour la majeure partie ne sont d'aucune conséquence ; mais comme quelques Malades pourroient en être effrayés ou inquiets, nous allons en peu de mots indiquer les moïens d'y remedier.

1°. On se plaint souvent que les Eaux sont vaporeuses, qu'elles portent à la tête, y occasionnent une sensation douloureuse, ou qu'elles échauffent, caufent des pefanteurs, des gonflemens au ventre.

Ces accidens n'arrivent que parce qu'on boit trop précipitamment & en trop grande quantité, ou parce que les Eaux n'ont pas un écoulement libre par les felles, les urines ou la tranfpiration, ou parce que le fang n'a pas affez d'efpace pour rouler paifiblement avec les Eaux.

On peut donc y remedier en mettant plus d'efpace entre chaque Gobelet, en buvant moins, en prenant un lavement émollient, ou feulement d'Eau minérale, ou en aiguifant l'action des Eaux avec une once de Manne, ou deux ou

trois gros de Sel de Seignette,
qu'on fait diſſoudre dans les
premieres ou dernieres verrées,
ou enfin en recourant à la faig-
née ou à la purgation, qui
entraînera les humeurs groſſie-
res qui s'oppoſoient au paſſage
des Eaux.

2°. Les Eaux de Vichy occa-
ſionnent quelquesfois des chaleurs, des cuiſſons à l'anus, ſouvent les hemorroïdes.

Peut-on ſe plaindre avec fondement d'un écoulement, qui
eſt ſouvent critique ? toujours
ſalutaire, qui n'eſt jamais bruſ-
que, ni abondant ni long ; il
ſe fait lentement, & dégage
toûjours les vaiſſeaux d'un ſang,
ou ſuperflu ou trop groſſier.

Les cuiffons & les chaleurs à l'anus, font l'effet des évacuations fréquentes de matiéres âcres & mordicantes, qui en fortant corrodent les fibres du Sphincter du fondement.

On y remedie facilement, en recevant un lavement d'huile, ou en appliquant fur la partie un linge trempé dans l'Eau minérale chaude, ou par quelque fomentation émolliente & anodine.

3°. Quelques perfonnes l'après dîner ont une envie démefurée de dormir, qu'elles ne peuvent vaincre.

Cet accident eft auffi fouvent l'effet des nourritures, que des Eaux; puifqu'après le repas, fans avoir bû les Eaux, on fe fent la même propenfion au fommeil : Il faut cependant fe garder d'y fuccomber dans l'ufage des Eaux; il faut fe pro- mener, s'égayer, jouër, ou déterminer par les felles les Eaux qui ne fe feroient point écou- lées. Un lavement fimple fuf- fit.

4°. Les Eaux font un des diuretiques des plus doux; mais quelquesfois elles caufent une ardeur d'urine, des urines brûlantes, qui excorient l'ure- thre en paffant.

Cet inconvenient ne dure pas, & n'a pas de quoi allar- mer : ce font des matiéres glai- reufes & fabloneufes, qui ra-

clent le paffage. Leur fortie ne
peut être qu'avantageufe, &
pour en adoucir l'impreffion,
quelques injections d'une décoction de racine de Guimauve
& de graine de lin, ont bien-
tôt rapellé la tranquillité.

5°. Quelques Buveurs ont
de la peine à boire, ils ont le
cœur affadi.

Cet inconvénient n'a pas de
durée; on peut s'exciter à boire
en mâchant de la coriandre,
de l'anis couvert, de la fleur, ou
de l'écorce d'orange, ou d'une
croûte de pain.

C'eft dans cette vûë, mais
fans en fçavoir le motif, que
la plûpart des Buveurs ont une
croûte de pain, qu'ils mâchent
fans

fans cefle, & s'en frottent les dents : c'eſt pour empêcher, diſent-ils, qu'elles ne ſe noirciſſent & ne s'agacent ; comme ſi nos Eaux étoient ſuſceptibles de quelque acidité : Elles en ſont l'ennemi irréconciliable, & le Sel qu'elles fourniſſent eſt fait pour briſer & ronger le tartre, qui couvre ſouvent l'émail des dents.

6°. Les Eaux dans certains ſujets cauſent des démangeaiſons, des boutons, des rougeurs éreſypelateuſes à la peau.

Ce phénomène eſt rare, & dénote que nos Eaux ſont diaphoretiques ; c'eſt-à-dire, qu'elles pouſſent à la tranſpiration ; mais que trouvant les pores peu

K

ouverts ou bouchés, l'humeur tranſpirable doit s'y amaſſer, occaſionner des boutons, des rougeurs & des démangeaiſons importunes.

On en guérit ſans remede, lorſque les Eaux ont enfin débouché le tamis de la peau, ou tout au plus en prenant un ou deux Bains d'Eau commune, ou d'Eau minérale, d'une chaleur modérée.

7°. Quelques-uns ſont ſujets à des nauſées, à des vomiſſemens.

Si cet accident dépend de la délicateſſe de l'Eſtomach, on doit boire en moindre quantité, & moins précipitament.

S'il dépend de quelques hu-

meurs groſſiéres & viſqueuſes,
qui ſéjournent dans l'eſtomach,
un doux vomitif en eſt le remede. Les Eaux ſeules procurent quelquesfois un vomiſſe-
ment de matiéres jaunes, ver-
tes, noires ou blanchâtres, qui
dégagent ce viſcère, & met-
tent fin à ſes anxiétés: ainſi cet
accident dépend plûtôt de la
diſpoſition du malade, que du
mauvais effet des Eaux.

8°. J'ay vû trois ou quatre
perſonnes, qui dès les pre-
miers jours de cette Boiſſon,
ont eſſuyé un cours de ventre.

Il a été ſans douleur, & n'a
pas plus affoibli qu'une medecine ordinaire. Il ceſſe de lui-
même en buvant une moindre

quantité, ou en interrompant la Boisson : D'ailleurs il est avantageux, en ce qu'il entraî-ne quantité de matiéres cor-rompuës , qui croupissoient dans les intestins.

Si néanmoins il passoit les bornes, une prise de Théria-que, ou de *Diascordium* , un peu de vin d'Alicante, quel-ques legers astringents, ou la sueur qu'on tenteroit de pro-curer, en viendroient à bout.

9°. Un inconvénient con-traire au précédent, & qui in-quiéte le plus les malades, c'est que souvent ils sont constipés : ils ont beau boire, ils ne ren-dent les Eaux ni par les selles, ni par les urines ; ils se persuadent qu'elles restent toutes dans le corps.

On a souvent bien de la peine à calmer l'inquiétude de ces malades : cependant je puis assurer avec vérité, que j'ay vû guérir sans évacuation sensible; les Eaux alors passent toutes par la transpiration : Cette évacuation, quoiqu'insensible, de l'aveu de tous les Medecins, est plus considérable que toutes celles qui sont sensibles; Sanctorius l'a démontré invinciblement.

Une preuve, qu'elle suffit seule à débarasser le corps de toutes les Eaux qu'on a bû, c'est qu'on se sent aussi leger, que si on avoit pas bû; on

K 3

n'a ni gonflement ni pefanteur d'Eftomach, ni vappeurs.

J'ay connu un Monfieur, qui en buvoit jufqu'à quarante Gobelets de demi - feptier chacun, qui n'en étoit nullement purgé, & qui fe portoit bien d'ailleurs.

Un autre motif de confolation pour ceux qui font conftipés, malgré la boiffon des Eaux de Vichy, c'eft qu'en fortant moins rapidement du corps, elles s'infinuent avec tous leurs principes plus profondément dans tous le vifcères, pénétrent mieux dans tous les réduits des vaiffeaux, en délayent davantage les humeurs, excitent des ofcillations plus fortes & plus durables, procurent des urines plus digérées, plus colorées & plus chargées, & agiſſent plus éficacement fur toute notre machine : au lieu que le minéral, qui ne fait qu'entrer & fortir par les felles, foulage feulement l'Eſtomach & les inteſtins, mais très-peu les viſcères.

Il ne faut donc pas fe décourager, fi en buvant les Eaux de Vichy, on n'eſt pas toûjours purgé. On n'a pas toûjours des matiéres groſſiéres à évacüer; elles font quelquesfois fi tenaces, fi adhérantes, qu'elles ne peuvent être entrainées qu'après un long tems : Il faut du tems pour les fondre & les rendre fluides. J'ay vû des Buveurs, qui n'ont commencé à être évacués, qu'après vingt jours de Boiſſon.

Cependant pour répondre à l'empreſſement qu'ont ordinairement les malades d'être purgés, je dirai qu'il ſuffit ſouvent de boire un peu plus abondámment , de rapprocher les verrées de plus près, de recourir à une ſource plus active , telle que le gros ou le petit Boulet ; de prendre quelque lavement ; d'animer les Eaux par l'addition de quelques gros de Sel de Seignette, végétal, Polichreſte, *Arcanum duplicatum*, Sel d'Epſom , ou par l'uſage de quelques Bains tempérés, qui raſſoupliront les fibres, & les rendront plus obéiſſantes à l'action des Eaux.

CHAPITRE III.

Que faut - il faire, après qu'on a bû les Eaux de Vichy.

1°. **P**Our accoûtumer inſenſiblement l'Eſtomach à ſe paſſer de ce remede, on ne ceſſe pas bruſquement de boire ; on diminue de jour en jour le nombre des Gobelets, & on ſe purge à la fin avec les mêmes remedes que nous avons indiqués.

2°. On ſe repoſe un jour ou

deux avant de partir, & on ob-
serve chez soi pendant quelque tems, le même régime
qu'on a dû observer à Vichy.

Les Eaux par le branle qu'elles ont donné aux liquides, &
par les oscillations qu'elles ont
imprimé aux solides, agissent
long-tems, après qu'on a cessé
de les boire : En un mot la
guérison ne se confirme pas
toûjours à Vichy : il est donc
essentiel d'éviter les alimens indigestes, ou qui seroient contraires à l'effet des Eaux. Il faut
s'abstenir de toutes les choses
que nous avons indiquées dans
un des Articles du Chapitre
précédent, & faire gras pendant trois semaines, ou un

mois, après avoir bû.

3°. Il est encore nécessaire de se purger quinze jours ou trois semaines après qu'on est arrivé chez soi, pour emporter les humeurs qui auront été fondües depuis, & les empêcher de repasser dans le sang. Quelques personnes, pour n'avoir pas suivi ce conseil, ont été attaquées de fiévres, souvent considérables.

CHAPITRE IV.

EXEMPLES DE GUE'RISONS
opérées par les Eaux de Vichy.

POUR constater l'effet des Eaux de Vichy, sur les

différentes maladies dont nous avons fait le dénombrement, il conviendroit de rapporter icy quantité de cures merveilleuſes qui s'y ſont faites; mais les Auteurs qui ont traitté de la nature & des propriétés de ces Eaux, ayant ſatisfait pleinement à cet objet, nous-nous contenterons d'en rapporter quelques-unes des plus conſidérables, arrivées depuis peu, & ſous nos yeux. Nous prendrons même la liberté de citer les perſonnes, qui étant encore vivantes, pourront atteſter la vérité de ce que nous avançons.

Monſeigneur le Comte de Noailles, que ſes qualités perſonnelles rendent encore plus

aimable

aimable & plus refpectable ,
que fon rang & fes dignités ,
étoit depuis long-tems travaillé
d'une colique hépatique, occa-
fionnée par des pierres dans la
vefficule du fiel, la partie la
plus limoneufe de la bile, par
fon féjour & par la chaleur du
lieu produit fouvent de pareilles concrétions. Leur groffeur
eft quelquesfois telle, qu'elles
bouchent totalement le col du
refervoir de la bile, ou s'em-
barraffe tellement dans le pore
biliaire, ou dans le canal coli-
doque, qu'elles ne peuvent paffer dans l'inteftin, & le malade fuccombe dans les douleurs.

Ce Seigneur avoit déja ef-
fuié trois accès de cette colique,

L

& avoit rendu trois de ces pierres après un travail, des douleurs, & des vomiffemens de
huit jours à chaque accès.
Monfieur de Sénac, premier
Medecin du Roy, Medecin
confommé, & pour qui la nature n'a rien de caché, l'envoye
aux Eaux de Vichy. Après
huit jours de boiffon, il fut attaqué de cette colique, avec
des accidens qui nous firent
apréhender pour fa vie; ils
ne durerent heureufement que
trente-fix heures, & la pierre
fut renduë. Après huit autres
jours de Boiffon, nouvelle attaque; mais qui ne fut point
accompagnée des mêmes accidens, & ne dura que fix heures.

Depuis ce tems, ce Seigneur a été à l'abri de toute insulte du foïe, a bû très-longtems nos Eaux, qui ont empêché la formation de pareilles concrétions pierreuses, & il se porte au mieux.

Monsieur de Montgaland, Gentilhomme des environs de Lyon, homme d'esprit & de mérite, ne peut assez préconiser les Eaux de Vichy; il publie hautement qu'il leur doit deux fois la vie, pour l'avoir délivré d'une colique néphretique & calculeuse : En reconnoissance il est résolu de venir tous les deux ans rendre hommage à nos Fontaines.

Mademoiselle Pitt, Angloise

de nation, & de la meilleure
condition; Fille qui joint à un
mérite très-rare, tout l'efprit &
toute la politeffe poffible: obli-
gée de paffer en France, pour
rétablir une fanté, la plus dé-
labrée que j'aye vûë, après
avoir tenté inutilement tous
les remedes qui lui ont été
prefcrits par les Medecins de
la plus haute volée pendant
deux ans; après avoir fait ufage de plufieurs Eaux minérales: à la fin, à la follicitation
de fes amis, elle fe fit tranfporter de Pougues à Vichy;
mais Grand Dieu, dans quel
état! Ç'étoit un véritable fque-
lette, couvert de fa peau. Son
corps étoit dans un déperiffe-

ment total, les yeux étoient éteints, & les jambes lui refuſoient le ſervice : à peine ſoûtenóit - elle une converſation de quelques minuttes, ſans ſe ſentir un anéantiſſement extrême. La ſource du mal étoit une douleur ſourde, quelques fois vive dans la région du foïe ; l'Eſtomach étoit tellement rétreci, tellement racorñi & ſi ſuſceptible , que la moitié d'une aîle de poulet, le jettoit dans des convulſions affreuſes, dans des vomiſſemens qui par leur durée, la mettoient à deux doigts de ſa perte; & dans cet état la nourriture la plus légére, l'eau de poulet même ne paſſoit pas.

Après quelques jours de boisson des Eaux de Vichy, cette Demoiselle avoüa qu'elles étoient faites exprès pour elle : Elle n'en buvoit jamais, que son Estomach n'en fût soulagé sur le champ. Il reçût la nourriture, la garda ; le ventre s'ouvrit, & à la seconde Saison, elle étoit en état de fournir à pied à une promenade assez longue, & à une conversation de quatre heures : Finalement elle reprit tout l'embonpoint dont elle est susceptible, & alla passer quelques jours chez Monsieur l'Abbé de Sades, où elle eut une indigestion, pour avoir mangé des cailles grasses ; mais elle n'eut pas de suite.

Une Fille d'Aigueperfe, âgée de dix-huit ans, avoit un tremblement univerfel de tout le corps; elle n'avoit d'autre partie que la langue, qui ne fût pas dans un mouvement involontaire : Après l'ufage des Eaux de Vichy, en Boiffon, en Bains & en Douches, elle a marché d'un pas auffi affuré, que qui que ce foit, & a été délivrée de fes accidens.

Une Sage-Femme de Cuffet, après une attaque d'apoplexie, fut faifie d'une hémiplegie; à peine articuloit-elle quelques mots; elle traînoit une jambe, & n'avoit aucun ufage d'un bras : Elle vient de trouver fa guérifon à Vichy.

Un jeune Maçon, par un Rhumatisme, avoit un tel retirement des nerfs & des muscles d'une jambe, que le gras étoit collé sur la cuisse, & le talon touchoit la fesse. Il a laissé ses bequilles à Vichy.

Je pourrois ajoûter icy un Officier Irlandois, qui depuis deux ans avoit une ictéricie, avec des coliques affreuses, dont il s'est délivré. Un autre Ictérique, tellement desesperé, que lorsqu'après deux mois de Boisson il écrivit sa guérison, ni sa femme, ni son Medecin ne vouloient la croire ; mais ces exemples sont trop communs.

On m'objectera que je fais

trophée de quelques cures brillantes; mais que je paſſe ſous ſilence tous les mauvais effets des Eaux de Vichy , & les morts qui y ſont arrivées.

Je puis aſſurer avec la vérité la plus exacte, que de plus de quinze cens malades, de toute eſpèce , qui les trois années précédentes ont bû les Eaux de Vichy, il n'eſt mort que trois perſonnes , dont d'eux n'ont pas goûté de nos Eaux.

Le premier eſt un Capitaine de Vaiſſeaux du Port de Rochefort; il avoit un abſcès dans la ſubſtance du cerveau, avec fiévre & perte de la majeure partie de ſes ſens. M^r. Dupuis, ſon Medecin , contre l'avis

duquel on lui fit entreprendre le voyage de Vichy, eſt
un témoin irréprochable de
ce que j'avance; je ne voulus
pas lui permettre de boire nos
Eaux, & il mourut quelques
tems après.

Le ſecond eſt un Avocat de
Charlieu, qui le lendemain de
ſon arrivée à Vichy, fut ſaiſi
d'une fluxion de poitrine, &
d'une inflâmation au foïe, qui
l'emporterent en peu de jours.

Le troiſiéme eſt un Docteur
de Sorbonne, qui après avoir
pris quantité d'Eau minérale,
alla à pied de Vichy à Cuſſet,
dans les plus grandes chaleurs
de l'Eſté, & fut en revenant
attaqué d'une fiévre maligne,

qui le fit fuccomber à la troi-
fiéme rechûte, pour avoir trop
mangé, malgré une convalef-
cence de trois femaines. Je
ne dis rien, qui ne foit au vû
& au fçû de tout le monde ;
je ne crains point le démenti.

Après tout, quand même
ils feroient tous trois morts,
pour avoir bû les Eaux de
Vichy, conclura - t'on de là
qu'elles font meurtriéres ? Ne
meurt-il jamais de malades dans
l'ufage, ou malgré l'ufage de l'É-
metique, de l'Hipécacüaneha,
du Quinquina, du Mercure,
& de tous les autres fpécifiques
qu'on a trouvés ? Quelle con-
féquence en tirer, finon que
la Medecine ne connoît point,

& ne trouvera jamais un remede univerfel, qui puiffe nous
garantir de la mort, & de fubir
l'arreft qui a été prononcé contre nous ? *Statum eft omnibus ho-
minibus femel mori.*

CHAPITRE V.

De quelques Queftions fur les Eaux de Vichy.

QUOIQUE les Queftions
que nous allons propo-
fer, paroiffent étrangeres au
but que nous - nous étions
propofé au commencement de
cet Ouvrage, elles ont cependant tant de connexion avec
les Eaux de Vichy, que nous
ne

ne pouvons nous difpenfer de les éclaircir en peu de mots.

QUESTION I.

Peut-on boire les Eaux de Vichy au repas, mélées avec le vin?

Quelques malades, pour hâter leur guérifon, ont tenté ce mélange, & n'en ont fouffert aucun dommage. Mon Prédéceffeur, homme de beaucoup d'efprit, habile Medecin, & qui connoiffoit parfaitement la nature & les proprietés des Eaux de Vichy, ne faifoit aucune difficulté de couper fon vin avec une partie d'Eau minérale du rocher des Celeftins. Une Dame de Bourgogne, felon le confeil de ce Medecin,

M

en a uſé de même très-long-
tems.

Le vin en devient plus pi-
quant, & a plus de montant;
mais il ſe trouble & reſſemble
fort à du vin tourné & pouſſé :
ce qui nous donne à penſer
que l'acide du vin ſe dévelope,
entre en quelque fermentation
avec le Sel de nos Eaux, en
change un peu la nature, d'où
il doit réſulter une eſpèce de
Sel neutre, qui n'a rien qui
puiſſe déranger la digeſtion ou
l'œconomie animale.

QUESTION II.
Peut-on les méler avec le Lait ?

C'eſt une expérience faite
depuis long-tems, & ſouvent

réïterée, que fi on mêle du Sel des Eaux de Vichy avec le Lait, il conferve fa fluidité, & ne fe coagule pas : Sans doute qu'il tient les parties caféeufes & butireufes affez étenduës , pour qu'elles ne puiffent point fe raprocher & devenir plus pefantes par leur contact & leur union.

L'acide , s'il en eft dans le Lait, eft toûjours envelopé dans les parties graffes , ou amorti par le Sel alkali de nos Eaux; de forte qu'il ne peut manifefter fa préfence ni fes effets : ainfi puifque les Eaux de Vichy empêchent la coagulation du Lait, puifqu'elles fourniffent un Sel propre à en favori-

fer la digeftion & la diftribution, on peut les marier utilement enfemble.

Nous en ufons fouvent ainfi pour les perfonnes vives, &
d'un tempérament fec, qui ont
les nerfs fufceptibles d'ébranle-
ment, ou qui ont la poitrine
fenfible & délicate.

Une Marquife du Bas Mai-
ne, graffe & replette, qui dans
un tiraillement convulfif de
l'Eftomach n'avoit trouvé de
foulagement que dans le Lait,
vint à Vichy, avec défenfe ex-
preffe de la part de fon Medecin, de prendre du Lait pendant l'ufage des Eaux. Les raifons que je lui apportai pour
en agir autrement, la décide-

rent à en faire l'épreuve; elle la fit avec avantage.

Je dis quelque chofe de plus, c'eft que la meilleure maniére de fe préparer à l'ufage du Lait, eft la Boiffon des Eaux de Vichy.

Elles lavent l'Eftomach, donnent de la fluidité au fuc digeftif, débouchent les veines lactées & tous les vaiffeaux du Mezentère, & emportent toutes les ordures qui auroient pû faire obftacle au fuccès de ce remede alimenteux.

Je dirai en paffant, que le fel de nos Eaux fait le même effet fur le fang, que fur le lait. A mefure qu'on tire du fang à un malade, jettez dans la palette de ce Sel en poudre, le fang confervera fa couleur vermeille & fa fluidité.

Le Medecin de Monfeigneur le Comte de Noailles, après avoir lavé exactement la coëne d'un fang pleuritique, la fit macérer dans un verre d'Eau de la grande Grille; du foir au lendemain elle fut totalement diffoute, & il n'en refta aucun veftige.

Nous concluons de ce phénomêne, que les Eaux de Vichy font avantageufes dans les concrétions polipeufes.

QUESTION III.

Peut-on allier le Sel des Eaux de Vichy avec le Quinquina, les Amers, les Opiates fondantes, & apéritives.

On marie avec succès le Quinquina avec le sel d'Absinthe, de petite Centaurée, de Chardon benit, le Sel Ammoniac, &c. Le Sel des Eaux de Vichy leur est analogue ; il est amer, fondant, apéritif, fébrifuge ; rien ne doit donc empêcher qu'on ne les mêle avec les remedes que nous venons de nommer.

Dans les fiévres tierces & quartes, qui n'ont pas cédé aux remedes généraux, & qui sont souvent entretenuës par quelques obstructions des viscères, du Mezentère surtout, nous conseillons aux malades de délayer leur Quinquina dans le premier Gobelet d'Eau de Vichy, & de boire ensuite la quantité qui leur convient pour la matinée ; on prend ensuite les autres prises de Quinquina aux heures ordinaires, & la fiévre ne résiste pas long-tems. Il n'est pas même rare que ces Eaux guérissent ces sortes de fiévres, sans le secours du Quinquina ; on en dévine facilement la raison.

QUESTION IV.

Peut-on le matin, en guise de Thé,
boire un Gobelet ou deux
d'Eaux de Vichy ?

On prend du Thé pour laver
l'Eſtomach & les conduits urinaires : Un Gobelet d'Eau de
Vichy ne lui cédéra en rien ;
elle a même l'avantage d'être
faite pour l'Eſtomach, & d'emporter les reſtes de la digeſtion.
Un ou deux Gobelets n'obli-
gent pas non plus à un régime
plus exact que le Thé.

QUESTION V.

Peut-on en boire l'après-dîner ?

Je ne conſeillerois pas de boire l'après-dîner, ſur tout en

quantité: Elle pourroit caufer quelques douleurs, ou du tra-vail à l'Eftomach, plein d'ali-mens, précipiter la digeftion ou entrainer le chile qui en eft le produit.

Cependant cinq heures après le repas, lorfqu'on eft affuré que le chile a paffé dans le fang, je penfe qu'on ne rifqueroit rien de boire ces Eaux; on en ufe fouvent ainfi dans les vio-lentes coliques.

QUESTION VI.

Lorfqu'on les a bû une fois, eft-on obligé de les boire tous les ans ?

Plufieurs perfonnes s'éloi-gnent de ce remede, parce que, difent-elles, elles ne veulent pas s'affujettir d'y revenir fouvent.

Ces perfonnes fans contredit font dans l'erreur. Il en eft des Eaux de Vichy, comme de l'É-metique, du Quinquina, & des autres remedes : On eft pas obligé pour en avoir ufé une fois, d'y recourir l'année fuivante, fi le befoin n'y eft pas : On ý renonce, lorfqu'on eft guéri. Agiffez-en de même pour les Eaux de Vichy.

QUESTION VII.

Peut-on les boire impunément, fans être malade, étant même en bonne fanté.

On a fouvent recours à des remedes de précautions, furtout dans le changement de Saifons : on fe fait faigner, on fe purge, on prend des boüillons raffraichiffans.

On peut de même recourir aux Eaux de Vichy, elles entretiennent la fanté, éloignent la maladie, raffraichiffent le fang, le purifient par les fecretions qu'elles animent, & confervent tout le volume des liquides dans leur fluidité convenable, & les folides dans leur foupleffe & leurs refforts naturels. Quel inconvénient y auroit-il donc de les boire, même en fanté ?

QUESTION VIII.

Se confervent - elles long - tems transportées ?

Si on ne les tranfporte pas
dans

dans des vaisseaux poreux, ou qui ayent tenu quelque liqueur capable de les décomposer; si on les tient dans un endroit frais, à l'abri des gêlées & de la chaleur, & dans des bouteilles de verre, exactement bouchées, elles se conserveront des années entiéres; on en a l'expérience. Elles ont encore fermenté avec les acides, verdi le firop violat, & donné une couleur trouble orangée à la dissolution du fublimé corrofif. Ces expériences ne dénotent pas que leur Alkali foit énervé, & fans force; elles peuvent donc long-tems conferver leur vertu, éloignées de leur Source.

N

Au refte il eft facile d'en avoir de nouvelles, lorfqu'on fouhaite, en les envoyant chercher à Vichy, où on délivre un Certificat qui conftate la Source où on les a puifées, & la fidélité du Commiffionnaire.

Mais fi on eft trop éloigné pour envoyer à Vichy un Exprès, qui coûteroit beaucoup, on peut s'adreffer par la Pofte au Medecin, Intendant de ces Eaux : il eft exact à envoyer la quantité, & de la fource qu'on lui demande, par le Caroffe, par la Riviére, ou par d'autres commodités.

Celles qu'on envoye au Bureau de Paris, où on en confomme beaucoup, n'y peuvent pas vieillir : on les renouvelle tous les mois ; ainfi le Public ne doit point avoir de ré-pugnance d'en faire ufage : on prend toutes les précautions poffibles, pour qu'elles ne s'é-vantent pas, & arrivent en bon état. Les perfonnes qui y font prépofées à la vente & diftribution de ces Eaux, font d'une probité reconnuë.

Ceux qui s'adrefferont au Medecin, pour avoir de ces Eaux, ou des éclairciffemens fur leur nature & leurs pro-prietés, font priés d'affranchir les Lettres, dont le port lui coûte beaucoup.

N 2

QUESTION IX.

Quelle eft l'ancienneté des Eaux de Vichy?

De tems immémorial on les a fréquentées, ou du moins ne peut - on pas affigner au jufte l'époque de leur découverte.

Elles font plus anciennes que Vichy, dont il eft parlé dans l'Hiftoire depuis plufieurs fiécles; & c'eft de ces Eaux, qu'il a pris fon nom : car de *Vicus calidus*, qui veut dire Bourg chaud, on a dit par corruption Vichy, comme le nom de chaudes Aigues en Auvergne, vient d'*Aquæ calidæ* ; Aygue-perfe, *d'Aquæ fparfæ* ; Aix en

Provence , d'*Aquæ Sextiæ*, à
cauſe de Sextus , Général des
Romains, qui vainquît les Sa-
liens , bâtît une Ville , qu'il
nomma de ſon nom , & de
celui des Eaux , *Aquæ Sextiæ.*
La Ville d'Aix en Allemagne ,
a reçû de même le nom d'*A-
quis Granum* , à cauſe des Eaux
minérales qu'on y trouve.

Mais quand même l'épo-
que des Eaux de Vichy ne
feroit pas bien ancienne , la
multitude de Guériſons qu'elles ont opérées, le grand nombre de perſonnes, de tout état,
de toute condition , de tout
ſêxe, de tout âge, qui les fré-
quentent depuis très long-tems
font un fidèle garant de leur

N 3

bonté & de leur éficacité dans la plûpart des maux. Un remede, dont la réputation eſt établie, & ſe ſoûtient depuis pluſieurs ſiécles, ne peut point être équivoque, & on peut s'y livrer en aſſurance.

FIN.

APPROBATION

De M^r. FOUCHIER , *Doyen du Collège de Medecine de Moulins, & de M^r. DIANNYERE, Aggregé audit Collège , Conseiller Medecin ordinaire du Roy, Intendant des Eaux minérales de Bardon & Foullet.*

NOus, Docteurs en Medecine, avons examinés un Manuscrit , qui a pour Titre : *Differtation fur le Tranfport des Eaux de Vichy, avec la maniére de fe conduire avec fuccès dans leur ufage ;* cet Ouvrage conforme aux principes de Medecine, eft clair, bien prouvé , à la portée de prefque tous ceux qui peuvent avoir befoin de ces Eaux, par conféquent très - utile au Public, & très - digne de l'Impreffion, ce que nous certifions à Monfieur le Lieutenant Général de Police. A Moulins ce quinze Avril mil fept cens cinquante - cinq.

Signé, FOUCHIER, & DIANNYERE.

VÛ l'Approbation cydeffus : Permis d'imprimer. A Moulins le dix-huit Avril mil fept cens cinquantecinq. *Signé*, GOLLIAUD, Lieutenant Général de Police.

www.ingramcontent.com/pod-product-compliance
Lightning Source LLC
Chambersburg PA
CBHW050118210326
41519CB00015BA/4008